Anton Hartinger

## Atlas der Alpenflora

Zweiter Band

Anton Hartinger

**Atlas der Alpenflora**
*Zweiter Band*

ISBN/EAN: 9783742870636

Hergestellt in Europa, USA, Kanada, Australien, Japan

Cover: Foto ©berggeist007 / pixelio.de

Manufactured and distributed by brebook publishing software
(www.brebook.com)

Anton Hartinger

**Atlas der Alpenflora**

Oxytropis campestris (L.) de Cand. — Feld-Spitzkiel.

Alpenkette, Wiesen, 1300—2200 M., auf Urgestein. Juni—August.

128.

**Oxytropis Lapponica (Wahlenb.) Gaud. — Lappländ. Spitzkiel**
Schweiz, Südtirol, Salzburg u. Kärnten, trockene Stellen, 2000—2500 M. auf Urgestein.
Juli—August.

Oxytropis neglecta Gay (1850) = cyanea Gaud., Koch et aut.
nec M. Bieb. = Gaudini Bunge 1851. — Vernachlässigter Spitzkiel.
Schweiz, Tirol bis Karnten, trockene Stellen, 1900—2500 M., Juli, August.

**Astragalus australis (L.) Peterm. = Phaca australis L. Koch. —
Südlicher Tragant.**

Schweiz bis Salzburg und Kärnten, trockene Stellen, 1700—2300 M., Juli, August.

*vt*   *al*   *car*   *pi*   *st*   *se*   *se* 11   *fr*

Astragalus alpinus L. = Phaca astragalina De Cand. -
Alpen-Tragant.

Schweiz bis Steiermark, besonders auf Urgestein, 1600—2200 M.  Juli—August.

Hippocrepis comosa L. — Schopfiger Hufeisenklee.
Alpenkette, trockene Stellen, bis 1800 M., besonders auf Kalk. Juni–August.

**Hedysarum obscurum L. — Dunkler Süssklee.**

Alpenkette, trockene Stellen, 1600—2200 M. bes. auf Kalk. Juli, August.

**Orobus Styriacus Gremli (1882). — Steierische Walderbse.**
Oestliche Alpenkette, Steiermark, Gebüsch, Mai, Juni.

Dryas octopetala L. — Achtblättrige Dryade, Silberwurz.
Alpenkette, trockene Stellen, 1300–2200 M. auf Kalk, Juni–August,

Geum montanum L — Berg-Benediktenkraut.

Alpenkette, auf Alpenwiesen. 1200—2300 M. Juni, Juli.

Geum reptans L. — Kriechendes Benediktenkraut.

Alpenkette, trockene Stellen, 1900—2500 M. bes. auf Urgestein. Juni, Juli.

**Comarum palustre L — Sumpf-Blutauge.**

'Alpenkette, feuchte Stellen, bis 1600 M. Juni- August

Potentilla nitida L. — Schönes Fingerkraut.

Südliche Alpenkette, 2000—3000 M. Juli, August.

Potentilla Clusiana Jacq. — Clusius' Fingerkraut.
Tirol, Salzburg, Ober-Baiern, Steiermark und Nieder-Österreich, trockene Stellen.
1500—2600 M., auf Kalk, Juli, August.

pi

fr

fr II

stn

fl II

Potentilla caulescens L. — Vielstängeliges Fingerkraut.

Alpenkette, trockene Stellen, bis 1600 M. auf Kalk, Juni, Juli.

Potentilla nivea L. — Schneeweisses Fingerkraut.

Schweiz, Tirol und Salzburg, trockene Stellen, 1900—2200 M., auf Schiefergestein,
Juli, August.

Potentilla aurea L. — Goldgelbes Fingerkraut.
Alpenkette, Wiesen, 1300–2400 M., besonders auf Kalk. Mai–Juli

Potentilla villosa (Crntz. 1769) = maculata Pourr. 1788 =
salisburgensis Hänke 1788 = rubens Vill. 1789 = crocea Hall.
Schlei.h. 1807 = alpestris Hall. Fil. 1823. – Zottiges Fingerkraut.
Alpenkette, Wiesen, 1900—2500 M., auf Urgest., selten auf Kalk, Juli, August.

Potentilla grandiflora L. — Grossblüthiges Fingerkraut.
Schweiz bis Krain, trockene Stellen, über 1600 Meter. Juli – August

Potentilla minima Hall. fil. (1794) = Brauneana Hoppe 1800.
— Kleinstes Fingerkraut.

Alpenkette. Wiesen, 1300—2400 M. bes. auf Kalk. Juni, Juli.

Potentilla frigida Vill. — Kälteliebendes Fingerkraut.

Schweiz bis Steiermark, trockene Stellen, 2200–2500 M., auf Urgestein, Juli, August

*pt*   *st*   *fl.*   *p*   *sta*   *se*   *se*

Sibbaldia procumbens L. — Niederliegende Sibbaldie, Gelbling.

Alpenkette, Wiesen, 1600—2200 M., besonders auf Urgestein, Juni, Juli.

*pl*

*p*

*fi*

*st*

*fr.ll*

*se* *sell*

**Rosa alpina L. — Alpine (Alpen-) Rose.**

Alpenkette, Gebüsch, bis 1800 M. Mai, Juni.

fl     fl II     a    a    pi    fr    fr II

**Alchemilla pubescens M. Bieb. — Flaumhaariger Frauenmantel.**

Alpenkette, Wiesen, 1900—2200 M., auf Kalk, Juni—Juli.

Alchemilla fissa Schum. = Pyrenaica Garke et aut., nec Duf.
— Spaltblättriger Frauenmantel.

Alpenkette, feuchte Stellen, 1900—2300 M., auf Urgestein, Juni, Juli.

**Alchemilla alpina L. — Alpen-Frauenmantel.**

Alpenkette, auf Triften, bis 1800 M. Juni—August.

Alchemilla pentaphyllea L. — Fünfblättriger Frauenmantel.

Schweiz u. Tirol, Gletscher, 1860—2500 M. Juli, August.

*fr* ||    *sta*    *st*    *fr*    *fr* ||    *se*    *se* ||

**Aronia rotundifolia Pers. — Rundblättrige Felsenbirne.**

Alpenkette, trockene Stellen. bis 1600 M. Mai, Juni,

Sorbus Chamaemespilus (L.) Crntz. — Zwerg-Vogelbeere.
Alpenkette, Gebüsch, 1500—1800 M. auf Kalk. Juni—Juli.

157.

*fl* II

*fr*

*st*

*se*

*se* II

Epilobium rosmarinifolium Haenke — Dodonaei Koch nec Vill
Rosmarinblättriges Weidenröschen.
Alpenkette, auf Kalkgerölle, bis 1600 M. Juli—August.

158

Epilobium alsinefolium Vill. (1779) = origanifolium Lam. 1786.
— Mierenblättriges Weidenröschen.
Alpenkette, feuchte Stellen, 1300–1900 M., Juli, August.

Epilobium anagallidifolium Lam. = alpinum Koch et aut. nec L.
— Gauchheilblättriges Weidenröschen.

Alpenkette, feuchte Stellen, 1300—2100 M., Juli, August.

Herniaria alpina L. — Alpen-Bruchkraut.

Schweiz und Tirol, trockene Stellen, 1600—2500 M., auf Urgestein, Juli, August.

*fl ♀*    *fl ♂*       *st*    *st*    *st II*    *fr*    *fr I*

**Rhodiola rosea L. — Gemeine Rosenwurz.**

Alpenkette, trockene Stellen, 1300—2200 M., auf Urgestein, Juni, Juli.

162.

Sedum Anacampseros L. — Rundblättriges Fettblatt.
Schweiz und Südtirol, trockene Stellen, 1500—1900 M., Juli, August.

**Sedum atratum** L. = rubens Wulf. — Schwärzliches Fettblatt.
Alpenkette, trockene Stellen, 1300—2000 M., Juli, August.

Sedum annuum L. – Einjähriges Fettblatt.

Alpenkette, trockene Stellen bis 2000 M., bes. auf Urgestein, Juli, August.

*std*    *pt*    *tr*    *fr*    *frll*    *se*    *sell*

**Sedum alpestre** Vill. (1789) = repens Schleich. 1805 et aut. nec
L. = rubens Hänke 1788 nec L. — Voralpen-Fettblatt.

Alpenkette, trockene Stellen. 1600 – 2300 M., Juli, August.

**Sempervivum Wulfeni Hoppe. — Wulfen's Hauswurz.**
Schweiz bis Steiermark, trockene Stellen, 2000–2600 M., auf Urgestein, Juni–August.

**Sempervivum arachnoideum L. — Spinnwebige Hauswurz.**

Schweiz bis Steiermark, trockene Stellen, 1300—2000 M. Juli, August.

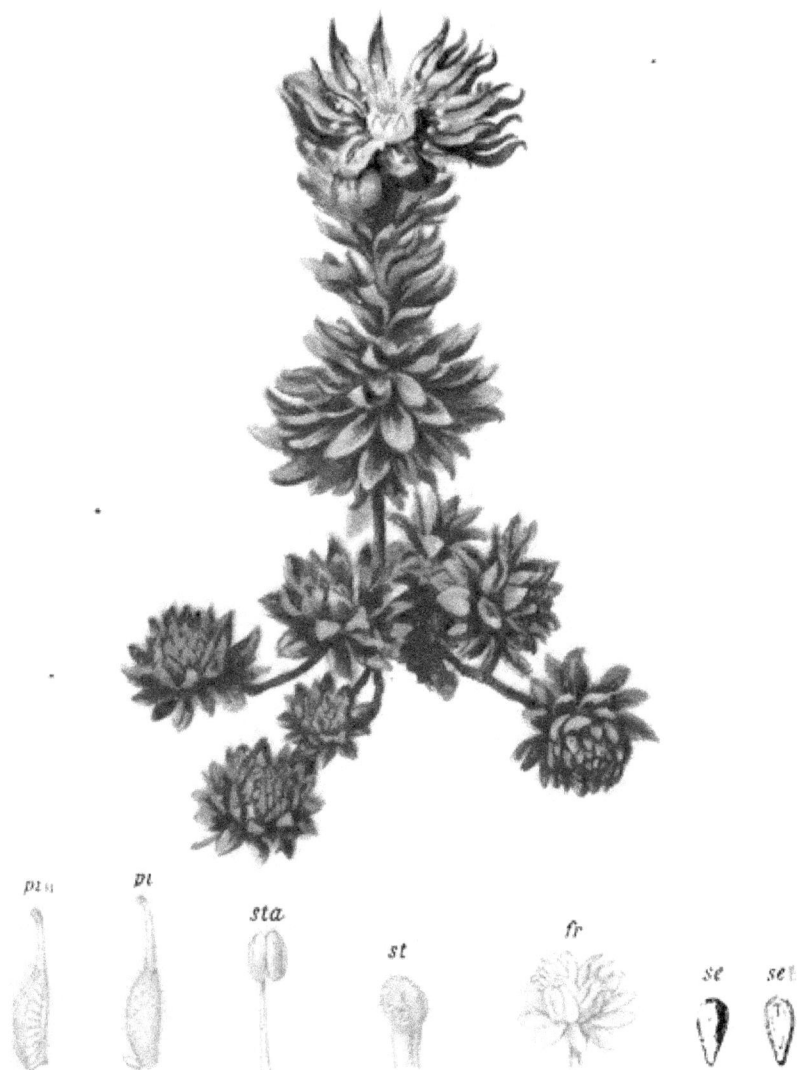

*pt n*     *pt*     *sta*     *st*     *fr*     *se*     *se*

Sempervivum **montanum** L. — **Berg-Hauswurz.**

Alpenkette, trockene Stellen, 1300—2100 M. Juli, August

Sempervivum Braunii Funk. — Braun's Hauswurz.

Tirol und Kärnten, trockene Stellen, 1800—2500 M., auf Urgestein, Juli, August.

Sempervivum Funkii, Braune. — Funk's Hauswur[z]

Sempervivum hi**r**tum L. — Kurzhaarige Hauswurz.
Tirol bis Oesterreich, trockene Stellen, um 1600 M., Juli–September.

Ribes alpinum L. — Alpen-Johannisbeerstrauch.

Alpenkette, Gebüsch, 1300—1800 M., auf Urgestein, Juni, Juli.

Saxifraga hieraciifolia Waldst. & Kit. — Habichtskrautblättriger
Steinbrech.

Ober-Steiermark, feuchte Stellen, bei 1600 M., Juni, Juli.

**Saxifraga arachnoidea Sternb. — Spinnenwebiger Steinbrech.**

Südtirol, an feuchten Stellen, 300—2000 M. auf Dolomit. Juli, August.

Saxifraga cernua L. — Nickender Steinbrech.
Schweiz bis Steiermark, feuchte Stellen, 1300—1800 M., Juli, August.

Saxifraga rotundifolia L. — Rundblättriger Steinbrech.

Alpenkette, feuchte Stellen, 600—1600 M., bes. auf Kalk, Juni—August.

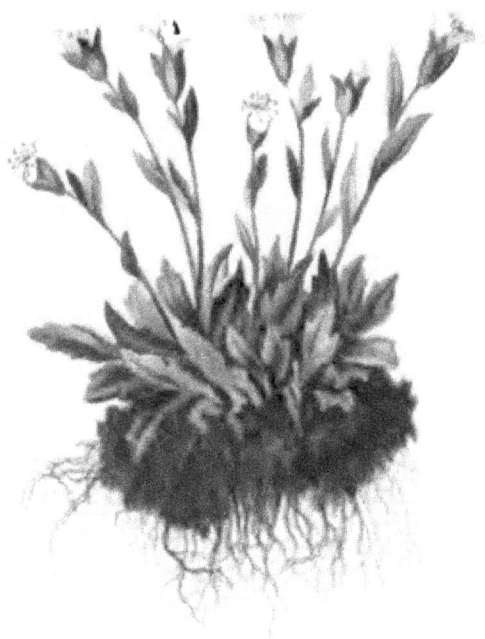

Saxifraga controversa Sternb. = adscendens Koch et aut. nec
L. — Streitiger Steinbrech.
Alpenkette, feuchte Stellen, 1000—2000 M., Juni, Juli.

Saxifraga stellaris L. — Sternblüthiger Steinbrech.

Alpenkette, bes. feuchte Stellen, 1400—2000 M    Juli, August.

Saxifraga Engleri D. T. = Clusii Koch et aut. germ. nec
Gouan! stellaris L. var. robusta Engl. — Engler's Steinbrech.

Schweiz, Tirol und Salzburg, feuchte Stellen, 1300—1900 M., Juni—August.

Saxifraga cuneifolia L. — Keilblättriger Steinbrech.

Alpenkette, feuchte Stellen, 1000—2000 M., Juni, Juli.

Saxifraga muscoides Wulf. (1779) nec. All. (1785) — Moosartiger Steinbrech.

Alpenkette, bes. im nördlichen Zuge, trockene Stellen, 1300—2500 M. bes. auf Kalk. Juli, August.

Saxifraga exarata Vill. = exarata var. α compacta Koch. —
Gefurchter Steinbrech.

Schweiz, Tirol, Kärnten bis Krain, trockene Stellen, 1800—2700 M., Juni, Juli.

**Saxifraga Seguieri Spreng. — Seguier's Steinbrech.**
Schweiz und Tirol, Gletscher, 2700–3200 M., Juli, August.

Saxifraga androsacea L. — Mannsschildartiger Steinbrech.
Alpenkette, feuchte Stellen, 1800  3200 M., Juni, Juli.

Saxifraga aphylla Sternb. (1810) = stenopetala Gaud. 1818. —
Blattloser Steinbrech.
Alpenkette, trockene Stellen, 2200—3000 M., Juni, Juli.

Saxifraga sedoides L. — Fettblattartiger Steinbrech.
Alpenkette, trockene und feuchte Stellen, 1900—2500 M., auf Kalk, Juli, August.

**Saxifraga aizoides L. — Immergrüner Steinbrech.**

Alpenkette, feuchte Stellen, 1000 - 2000 M. Juni — August.

Saxifraga tenella Wulf. — Zarter Steinbrech.
Steiermark und Julische Alpen, trockene Stellen, 1000—1800 M., Juni, Juli.

fl ♀

fl ♂

Saxifraga aspera L. — Rauher Steinbrech.

Alpenkette, 1300—3000 M. Juli, August.

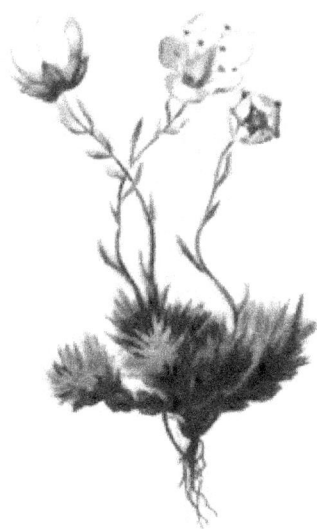

Saxifraga bryoides L. — Bryumartiger Steinbrech.
Alpenkette, trockene Stellen, 1900–2500 M. auf Urgestein, Juli, August.

Saxifraga crustata Vest. — Krustiger Steinbrech.

Tirol bis Krain. 900—2200 M auf Kalk. Juli, August.

Saxifraga mutata L. — Veränderlicher Steinbrech.

Alpenkette, auf Kalkboden, 800—2000 M. Juli—August.

Saxifraga brevifolia Sternb. = Aizoon Jacq. — Kurzblattriger
Steinbrech.

Alpenkette, auf Kalkboden 1200—2000 M. Juni—August.

**Saxifraga caesia L. — Meergrauer Steinbrech.**

Schweiz bis Oesterr. u. Steierm., trockene Stellen, 1300—2700 M. auf Kalk und Dolomit, Juni, Juli.

Saxifraga squarrosa L. — Sporriger Steinbrech.

Südl. Alpenwette, Tirol bis Krain, trockene Stellen, 1500–2300 M., auf Kalk und Dolom
Juli, August.

Saxifraga Burseriana L. — Burser's Steinbrech.

Alpenkette, auf Kalk und Dolomit, 1900—2400 M. Juni, Juli.

Saxifraga Vandellii Sternb. — Vandelli's Steinbrech.
Schweiz, Tirol und Steiermark, Mai, Juni.

Saxifraga oppositifolia L. — Gegenblättriger Steinbrech.

Nördliche Alpenkette, trockene Stellen, 1900—2500 M., bes. auf Kalk. Juni - August

Saxifraga biflora All. — Zweiblüthiger Steinbrech.
Alpenkette, trockene Stellen, 2300–3300 M., Juni, Juli.

*fl*

*st*

*a*

**Zahlbrucknera paradoxa (Sternb.) Reichenb. — Wundersame Zahl-
brucknere.**

Kärnten u. Steiermark, selt. 1050—1800 M.  Juni, Juli.

Hacquetia Epipactis (L.) de Cand. — Gelbgrüne Hacquetie,
Schaftdolde.

Kärnten bis Krain, Gebüsch, bis 1500 M., April, Mai.

**Astrantia minor L. — Kleiner Thalstern.**

Schweiz und Tirol, Wiesen, 1800—2300 M. auf Urgestein. Juli, August.

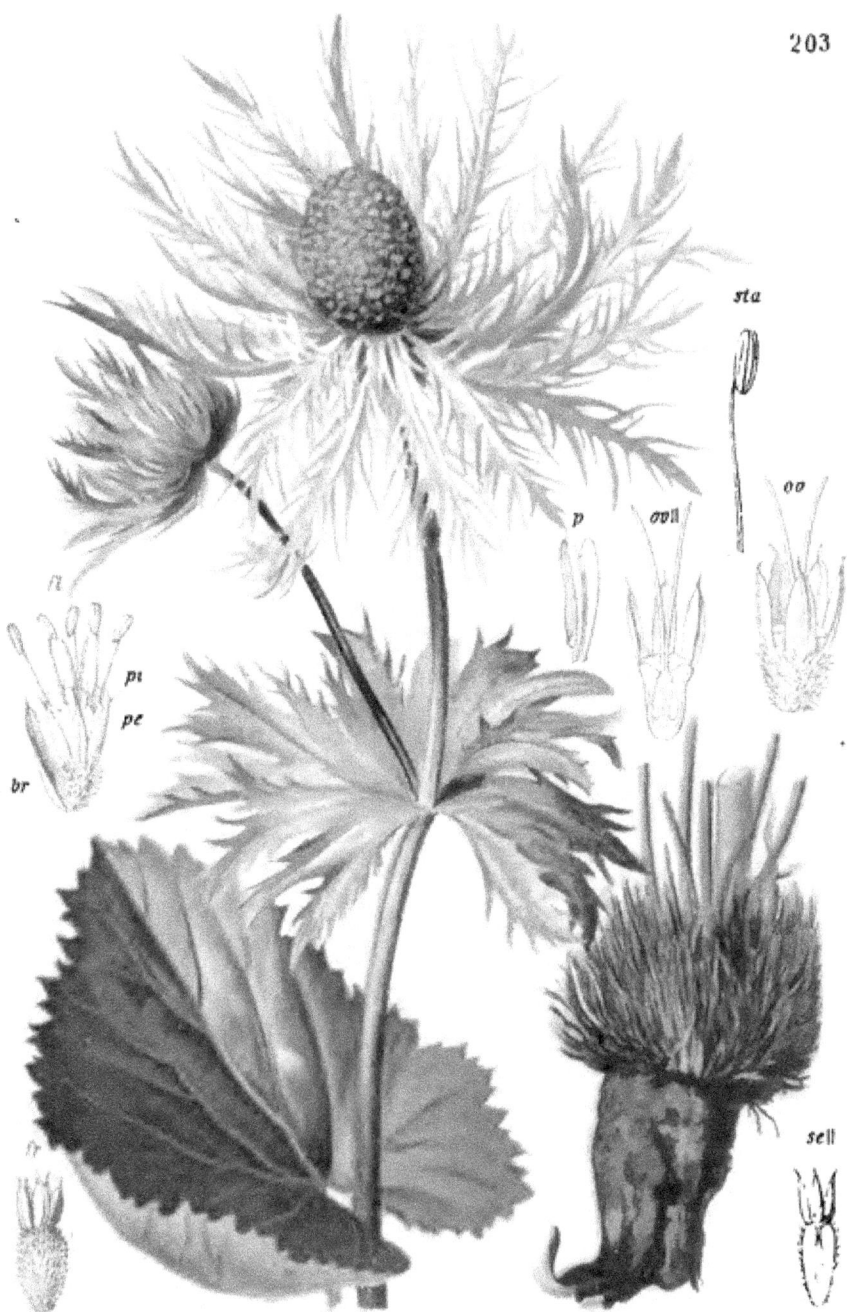

Eryngium alpinum L. — Alpen-Mannstreue.

Schweiz, Kärnten und Krain, auf Triften. 1500–1900 M. Juli—August.

**Bupleurum petraeum L. = graminifolium Vahl. — Felsen-Hasenohr.**

Südtirol bis Krain, trockene Stellen, 1600—2300 M., Juli, August.

**Bupleurum ranunculoides L. — Hahnenfussartiges Hasenohr.**

Schweiz, Tirol und Krain, trockene Stellen, 1500—2200 M., Juli, August,

Athamanta Cretensis L. — Kretische Augenwurz.

Alpenkette, 1300—2300 M., auf Kalk, Juni-August.

Meum athamanticum Jacq. — Augenwurzartige Bärwurz.
Alpenkette, besonders östl. Alpen, Wiesen, 1000–2100 M. auf Kalk, Juli-August.

**Meum mutellina (L.) Gärtn. — Rauten-Bärwurz.**

Alpenkette, Wiesen, 1300—2200 M. Juli, August.

209.

**Pachypleurum simplex** (L.) Reichb. = Gaya Gaud. 1828 nec Kunth. — Einfache Dickrippe.

Alpenkette, Wiesen, 1900—2500 M., bes. auf Urgestein, Juli, August.

**Laserpitium hirsutum Lam. — Behaartes Laserkraut.**
Südl. Schweiz bis Krain, Gebüsch, trock. Stellen, 1300–2100 M., bes. a. Urgestein, Juli–August.

Lonicera coerulea L. — Blaue Lonizere, Heckenkirsche.
Alpenkette, Gebüsch, bis 1600 M., bes. auf Kalk. Mai, Juni.

Lonicera alpigena L. — Alpen-Lonizere, Heckenkirsche.
Alpenkette, Gebüsch, bis 1600 M., bes. auf Kalk, Mai, Juni.

sta

st

se sen

ov

ov ll    fr

ov

br

**Linnaea borealis L. — Nordische Linnäe, Erdkrönchen.**

Schweiz bis Kärnten, Gebüsch, bis 1800 M.  Juli, August.

*fl ♂*     *fl ⚥*     *sta*     *pi*     *pi ||*     *st*     *fr*     *se ||*

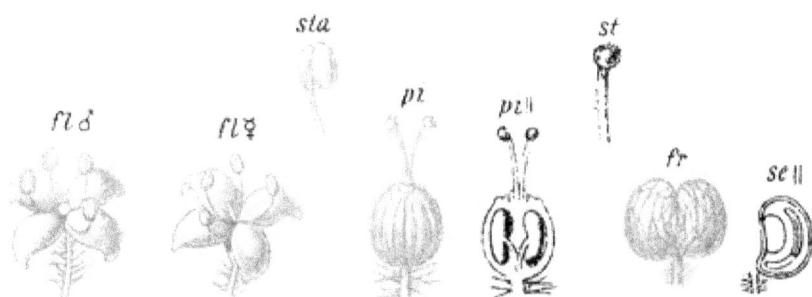

**Galium Helveticum Weig. = rupicolum Bertol. — Schweizerisches Labkraut.**

Nördliche Alpenkette, Schweiz bis Oesterr., Gebüsch, trockene Stellen, 1900—2500 M. auf Kalk, Juli, August.

Galium Austriacum Jacq. = silvestre Poll. 1776 var. α glabrum
Koch = commutatum Jord. 1846 — Oesterreichisches Labkraut.
Südtirol bis Oesterreich und Steiermark, trockene Stellen, bis 1600 M., Juni–September.

**Valeriana supina L. — Niedriger Baldrian.**

Schweiz bis Steiermark, feuchte Stellen, 1900–2600 M., bes. a. Kalk, Juli–August.

Valeriana saliunca All. — Weidenblättriger Baldrian.
Westl. Schweiz und Tirol, trockene Stellen, 1900—2800 M., auf Urgestein, Juli, August.

Valeriana Celtica L. — Celtischer Baldrian.

Schweiz bis Steiermark, trockene Stellen. 1900—2500 M., auf Urgestein; nördl. Alpenkette, östl. der Salza, 1600—2000 M., Juni—August.

**Valeriana saxatilis L. — Felsen-Baldrian.**

Alpenkette, trockene Stellen, 1600—2100 M. auf Kalk. Juni, Juli.

Valeriana elongata L. — Verlängerter Baldrian.

Tirol bis Oesterreich und Krain, trockene Stellen, 1600—2000 M., auf Kalk, Juli, August.

*pi*  *fl*  *fr*  *st*  *stu*

*in*

**Valeriana montana L. — Berg-Baldrian.**
Alpenkette. feuchte Stellen, 1000—1800 M., Juni—August.

**Knautia longifolia** (Waldst. & Kit.) Koch — Langblättrige
Knautie, Witwenblume.

Tirol bis Steiermark und Oesterreich, Wiesen, 1300—1600 M., Juli, August.

**Scabiosa lucida Vill. — Glänzendes Krätzenkraut.**
Alpenkette, Wiesen, 1500—2100 M., bes. auf Kalk, Juni — September.

Adenostyles alpina (L.) Bl. & Fing. — Alpen-Drüsengriffel.

Alpenkette, auf Kalkboden, 1000—1800 M. Juli, August.

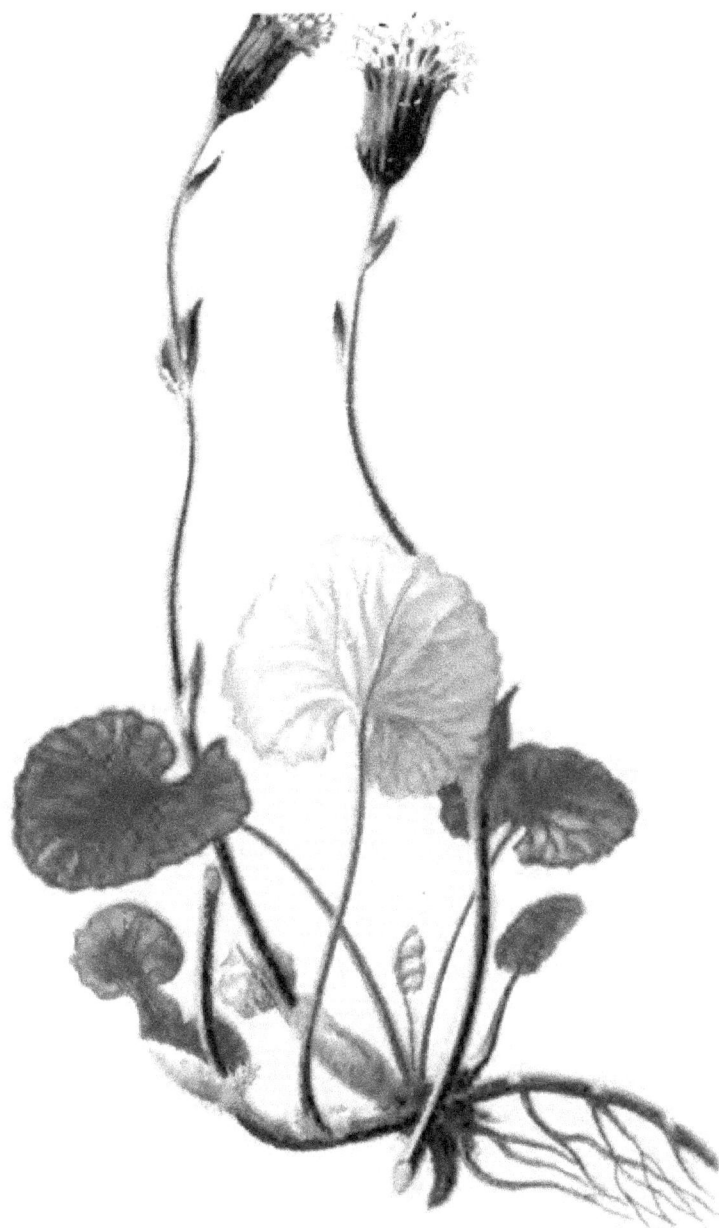

**Homogyne discolor (Jacq.) Cass. — Zweifarbiger Alplattich.**
Tirol bis Oesterreich und Kärnten, Wiesen, 1600—2000 M., auf Kalk, Juni, Juli.

Homogyne alpina (L.) Cass. — Gemeiner Alplattich

Alpenkette, Wälder u. trockene Stellen, 1000—1600 M. Mai—Juli.

226

**Petasites niveus (Vill) Baumg. — Schneeweisse Pestwurz.**

Alpenkette, feuchte Stellen, bis 1500 M. bes. auf Kalk. März—Mai.

**Aster alpinus L. — Alpen-Sternblume.**

Alpenkette, auf Kalkgerölle, 1160—1900 M. Juli, August.

**Bellidiastrum Michelii (L.) Cass. — Micheli's Alpenmassliebchen.**

Alpenkette, Triften, bis 1900 M. bes. auf Kalk. Mai—Juli.

Erigeron uniflorus L. — Einblüthiges Berufkraut.

Alpenkette, auf Urgestein, 1900—2500 M. Juli, August.

Erigeron Villarsii Bell. — Villars' Berufkraut.
Schweiz, Tirol und Kärnten, Wiesen, 1500—1900 M., Juli, August.

*fl ♀*   *st ♀*   *st=*   *fl ♀*   *st ♀*   *fr*

Erigeron alpinus L. — Alpen-Berufskraut.

Alpenkette, auf Gerölle, 1200—1860 M.   Juli, August.

Solidago alpestris Waldst. & Kit. = virgaaurea L. var. δ Koch
Voralpen Goldruthe.
Alpenkette, trockene Stellen, Wiesen, 1200–2200 M., Juni, Juli

**Buphthalmum salicifolium L. — Weidenblättrige Rindszunge.**

Alpenkette, auf Kalkboden, bis 1800 M. Juli—August.

Gnaphalium Leontopodium (L.) Scop. — Strahliges
Ruhrkraut, Edelweiss.

Alpenkette, trockene Stellen, 1300—1900 M., bes auf Kalk, Juli—September

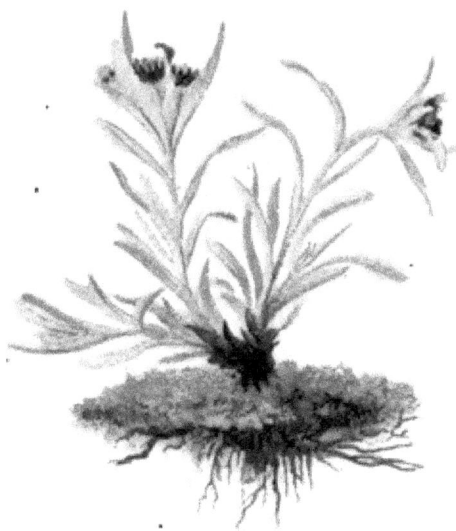

**Gnaphalium Norvegicum Gunn. — Norwegisches Ruhrkraut.**
Alpenkette, trockene Stellen, 1300–1900 M., bes. auf Urgestein, Juli, August.

**Gnaphalium Hoppeanum Koch. — Hoppe's Ruhrkraut.**

Schweiz bis Steiermark, trockene Stellen, 1900—2500 M., Juli, August.

Gnaphalium Carpathicum Wahlenb. — Karpathisches Ruhrkraut.

Alpenkette, Wiesen, 1900—2500 M., auf Urgestein, Juli, August.

240.

**Artemisia nitida Bertol.** = **lanata Koch & aut., nec Willd.** —
Glänzender Beifuss.

Südtirol, trockene Stellen, 1600—2000 M., auf Kalk, Juli, August.

Artemisia glacialis L. — Gletscher-Beifuss.
Schweiz, über 1800 M., Juli, August.

**Artemisia mutellina Vill — Edelraute**

Central-Alpenkette, 2000—2700 M.  Juli, August

Artemisia spicata. Wulf. -— Aehriger Beifuss.

Südl. Schweiz bis Steiermark, trockene Stellen, 1800—2500 M. auf Urgestein. Juli, August

Artemisia nana Gaud. — Zwergiger Beifuss.
Schweiz und Tirol, Juli, August.

**Achillea moschata L. — Bisam-Schafgarbe.**
Schweiz bis Steiermark, trockene Stellen, 1900—2200 M., auf Urgestein, Juli, August.

Achillea atrata L. — Geschwärzte Schafgarbe.

Alpenkette, Wiesen, feuchte Stellen, 1600—2200 M., bes auf Kalk, Juli, August.

**Achillea Clusiana Tausch. — Clusius-Schafgarbe.**

Ostalpen, 1600 - 200 M. Juli - August

*st*

*fl. di ♀*

*tr*   *sc*

*fl. ma ♀*

**Achillea Clavenae L. — Chiavena's Schafgarbe.**

Alpenkette, auf Kalkboden, 1700—2200 M. Juni—September.

**Achillea nana Gaud. — Zwerg-Schafgarbe.**

Schweiz und westl. Tirol, trockene Stellen, über 1860 M., auf Urgestein, Juli, August.

Anthemis Styriaca Vest = montana Koch **et aut pp**.
Steirische Hundskamille.

Steiermark, am hohen Zinken, u. s. w. August—September.

**Anthemis alpina L. — Alpenhundskamille.**
Tirol bis Steiermark, trockene Stellen, 1800–2200 M., bes auf Kalk, Juli, August.

**Leucanthemum alpinum (L.) — Alpen-Wucherblume.**
Schweiz bis Oesterreich, Wiesen, 1700—2500 M. Juli, August.

www.ingramcontent.com/pod-product-compliance
Lightning Source LLC
Chambersburg PA
CBHW021525210326
41599CB00012B/1387